Veröffentlichungen der Turbinentechnischen Gesellschaft E. V.

I.

Technische Massnahmen
um den Rückstau des Hochwassers für Wasserkraftanlagen unschädlich zu machen

VORTRAG
gehalten in der Turbinentechnischen Gesellschaft zu Berlin
am 13. März 1909

von

Danckwerts
Geheimer Baurat und Professor für Wasserbau
an der technischen Hochschule Hannover

Mit 27 Abbildungen

Sonderabdruck aus der Zeitschrift „Die Turbine"
V. Jahrgang, Heft XII und XIII.

BERLIN W.
VERLAG VON M. KRAYN
1909

Wenn ich als Wasserbauingenieur es unternehme, in der Turbinentechnischen Gesellschaft über das obige Thema zu berichten, so bitte ich vorweg um die Nachsicht der Herren Maschineningenieure, falls ein Teil meiner Ausführungen Bekanntes in umständlicher Form bietet. Der Wasserbauingenieur hat aber ein sehr erhebliches Interesse an dieser Frage, die die Rentabilität der Wehranlagen und Flussregulierungen in erheblichem Masse beeinflusst. Denn die durch Hochwasserrückstau eintretende zeitweilige Störung und oft völlige Unterbrechung der Wasserkraftbetriebe zwingt zur Anlage von Dampfreserven, deren Erfordernis dann wieder die Frage aufwirft, ob nicht der dauernde Dampfbetrieb ohne Wasserkraft sich billiger gestaltet als kostspielige Wasserbauten, die die Aufwendung zeitweiliger Dampfbetriebskosten doch nicht ersparen.

Wie gross die bei der Ausnutzung der Wasserkräfte in Frage kommenden wirtschaftlichen Interessen sind, braucht hier nicht eingehend auseinandergesetzt zu werden. Es genügt darauf hinzuweisen, dass z. B. nach einer überschläglichen Berechnung des verstorbenen Oberbaurats Prüsmann durch die Kanalisierung von Weser, Main, Oder und Mosel 220000 Pferdekräfte neu gewonnen werden können (Wasser- und Wegebau 15. XII. 1904), für deren wirtschaftliche Ausnutzung eine zweckmässige Lösung der Rückstaufrage von grösster Bedeutung ist.

Dass durch die konstante Absenkung des Unterwassers auch das alte Problem einer Ausnutzung der Ebbe und Flut zu Triebzwecken vielleicht gelöst werden kann, dürfte meines Erachtens zwar technisch interessant, wirtschaftlich aber wenigstens für Deutschland nicht so bedeutungsvoll sein, wie die Gefällausnutzung der Flüsse.

In welchem Masse aber auch selbst für die Schweiz, das Land der grossen Gefälle und Hochdruckturbinen, die Lösung der Rückstaufrage von Bedeutung ist, geht aus folgender Zusammenstellung des Professor Hilgard in der Schweizerischen Wasserwirtschaft 1908, Heft 6, S. 100, hervor.

Das nutzbare Gefälle beträgt in m bei den Wasserkraftanlagen:

	bei N. W.	M. W.	gew. H.W.	ausser-gew. H.W.
an der Limmat im Letten bei Zürich	3,50	2,40	1,60	1,20
in der Beznau an der Aare .	6,00	5,20	4,00	2,60
in Chèvres an der Rhone .	8,15	6,90	4,50	1,85
Projekt Rheinau am Rhein	11,30	9,65	7,80	6,00
„ Eglisau am Rhein (Oberriet)	6,80	5,30	3,90	1,70
„ Augst-Wylen am Rhein .	8,40	6,70	5,15	1,35
„ Laufenburg am Rhein . . .	11,20	9,00	4,20	3,50
„ La Plaine an der Rhone bei Genf	12,00	10,50	9,50	7,70

Um gegen die schädlichen Folgen des Rückstaues möglichst gesichert zu sein, werden ober- und mittelschlächtige Wasserräder von Alters her mit ihrer Unterkante über dem mittleren Unterwasserstand aufgehängt. Denn oberschlächtige Räder, die sich entgegengesetzt zu der Richtung des Wasserabflusses im Untergraben drehen, stehen bei Rückstau völlig still; mittelschlächtige Räder aber, die sich allerdings in der Richtung des Wasserabflusses drehen, gehen in ihren Leistungen dennoch beim „Baden“ erheblich zurück.

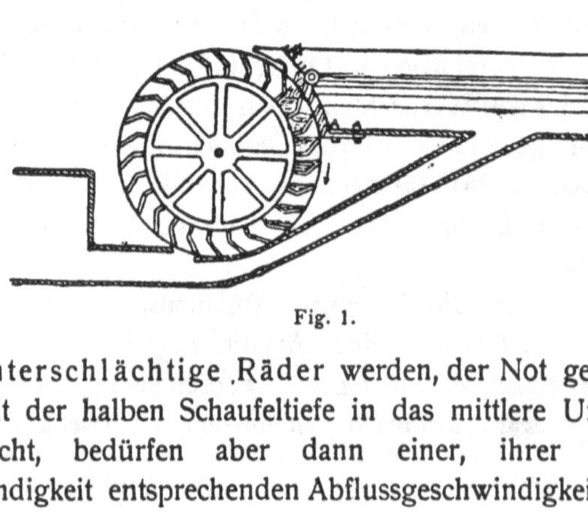

Fig. 1.

Unterschlächtige Räder werden, der Not gehorchend, zwar mit der halben Schaufeltiefe in das mittlere Unterwasser eingetaucht, bedürfen aber dann einer, ihrer Umfangsgeschwindigkeit entsprechenden Abflussgeschwindigkeit des Unterwassers, die ein erhebliches Gefälle des Untergrabens, und also einen erheblichen Verlust am Gesamtgefälle, bedingt.

Um die entstehenden Nachteile zu vermeiden, ist nach Hilgard schon im Jahre 1831 von Perkins und Burns der aus Figur 1 ersichtliche Vorschlag gemacht und von Bigelow veröffentlicht. Über dessen praktische Ausführung liegen aber keine Angaben vor.

Freistrahlturbinen (Girard) dürfen nicht in das Unterwasser eintauchen. Um auch bei Rückstau betriebsfähig zu

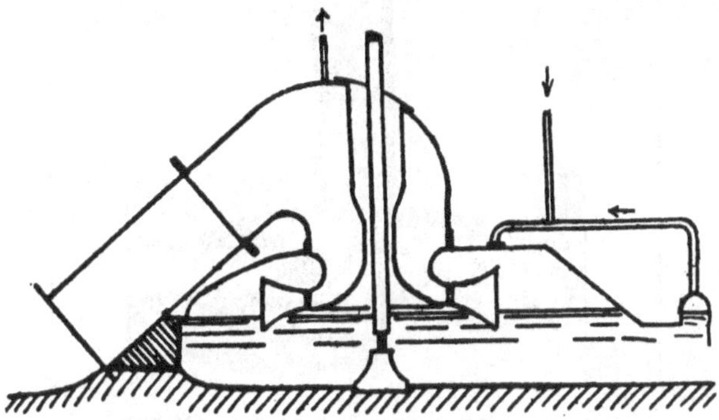

Fig. 2.

sein, sind sie deshalb mit einer „hydropneumatischen" Einrichtung (Fig. 2) versehen. Die unter dem Unterwasserspiegel liegende Turbine wird dabei mit einem luftdichten Kasten umgeben, der in das Unterwasser genügend tief eintaucht. Vermittelst einer von der Turbinenwelle angetriebenen Luftdruckpumpe erhält die in die Turbine eingeschlossene Luft einen solchen Überdruck, dass sie den Unterwasserspiegel im Kasten stets bis unter die Ausflussöffnungen der Turbine senkt und somit das Unterwasser vom Eintreten in das Rad zurückhält. (Vergl. von Hoyer, Maschinenkunde, S. 674).

Speiser (D. R. P. 10 661) hat (Fig. 3) statt der Luftpumpe und des Tauchkastens die Einrichtung getroffen, dass das Laufrad Ventilationsöffnungen nur an seinem inneren Kranze erhält. Zwischen diesen Öffnungen und dem Unterwasser liegt eine trennende Scheibe, die bis zur Nabe reicht und beiläufig also auch das Speichenkreuz ersetzt. Um die Welle herum ist ein zentrales, bis über den Oberwasserspiegel reichendes Luftrohr auf das Leitrad gesetzt.

Steht die Turbine still, so dringt der Rückstau auch ins Innere des Laufrades ein. Dreht sie sich aber, so wird die Luft durch die Zentrifugalkraft mittelst des Luftrohres von oben

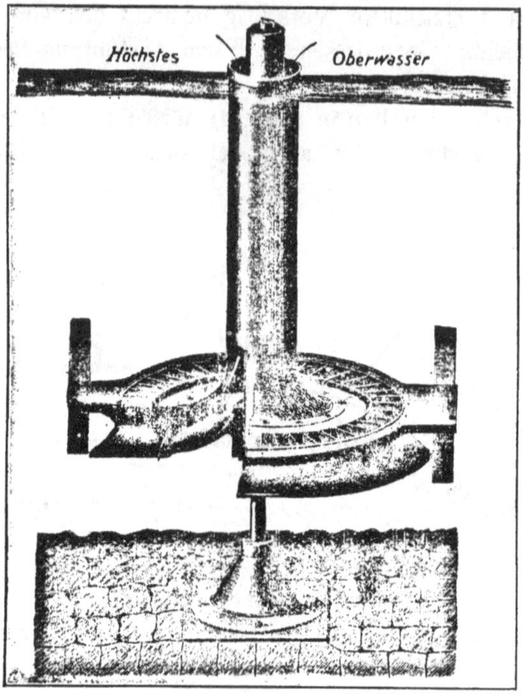

Fig. 3.

her angesaugt und durch die Ventilationsöffnungen des Laufrades herausgepresst. Voraussetzung dafür ist aber ein sehr enger Spalt zwischen Laufrad und Leitrad.

Beide vorstehende Vorkehrungen können jedenfalls wegen der Wirkung des Spaltes nur einen sehr geringen Rückstau vertragen und sind daher auch wohl nur noch selten in Anwendung.

Einen grossen Fortschritt bedeutet die Hänelsche Grenzturbine und noch mehr die Henschel-Jonvalsche Überdruckturbine, die nicht nur bei Anwendung eines Saugrohres bis zu 6 m über, sondern auch ohne Saugrohr unter dem Unterwasserspiegel aufgestellt werden kann, ohne dass die Schwankungen des Unterwasserspiegels den Betrieb völlig unterbrechen, wie dies bei den Freistrahlturbinen und Wasserrädern der Fall ist.

Bestehen bleibt aber auch für alle Überdruckturbinen, ob axial oder radial, Jonval- oder Francisturbinen der Übelstand, dass mit abnehmendem Gefälle einmal ihre Leistung, sodann aber auch namentlich ihre Umdrehungszahl sich verringert und zwar nicht nur proportional dem Gefälle, sondern stärker.

Für die zur Zeit fast allein verwendeten Francisturbinen gibt Pfarr (Turbinen S. 452) zur Bestimmung der Leistung bei vermindertem Gefälle h, aber unter Einhaltung der dem Normalgefälle H entsprechenden Umdrehungszahl n die Formel 597:

$$N_h = N_e \left(1 - 1{,}5 \frac{H-h}{H}\right)$$

daraus berechnet sich für

$$\begin{array}{llllllll} h & = 0{,}9 & 0{,}8 & 0{,}7 & 0{,}6 & 0{,}5 & 0{,}4 & H \\ N_h & = 0{,}85 & 0{,}70 & 0{,}55 & 0{,}40 & 0{,}25 & 0{,}10 & N_e \end{array}$$

Die Erhaltung einer grösseren Leistung durch Verringerung der Umdrehungszahl ist nur in seltenen Fällen, z. B. zum Betrieb von Kolbenpumpen, für städtische Wasserwerke möglich, meistens aber, insbesondere für die Erzeugung elektrischer Kraft, unzulässig.

Der Umstand, dass mit steigendem Rückstau auch die Menge des zur Verfügung stehenden Wassers wächst, hat nun dazu geführt, entweder eine besondere für sich unabhängige Turbine in eigener Kammer oder mit eigener Transmission zur Hochwasserreserve anzuordnen (wegen der hohen Anlagekosten wohl selten angewandt, Pfarr, S. 536), oder Turbinen mit zwei Schaufelkränzen zu bauen. Bei der axialen Doppelkranzturbine (Fig. 4) [cfr. W. Müller, Francisturbine S. 41) wird dann der äussere Kranz auf Überdruck, der innere als Grenzturbine konstruiert. Solange die vorhandene Wassermenge grösser ist, als der äussere Kranz für sich allein verarbeiten kann, bleibt dieser voll beaufschlagt, arbeitet also mit vollem Nutzeffekt; das vom äusseren Kranz nicht aufgenommene Wasser lässt man auf den inneren Kranz wirken von dem vorausgesetzt wird, dass er auch bei teilweiser Beaufschlagung günstig arbeitet. Reicht die Wassermenge aber nicht mehr zur vollen Beaufschlagung des äusseren Kranzes aus, so wird dieser zugedeckt und nur mit dem inneren Kranze allein gearbeitet. (Queva, Ganz & Co. u. a.) Für ausserordentlich veränderliche Wassermengen sind auch drei-

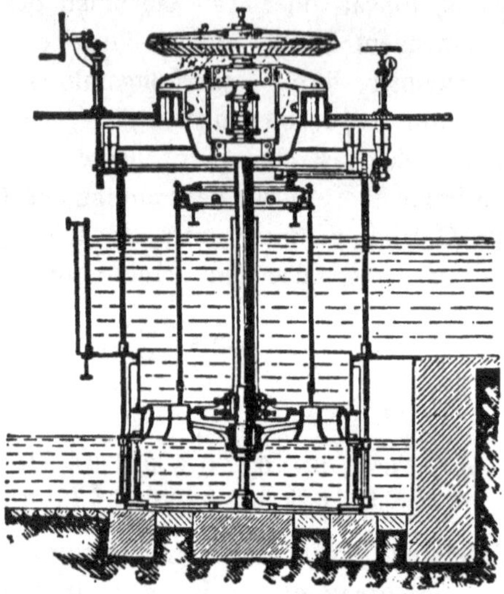

Fig. 4.

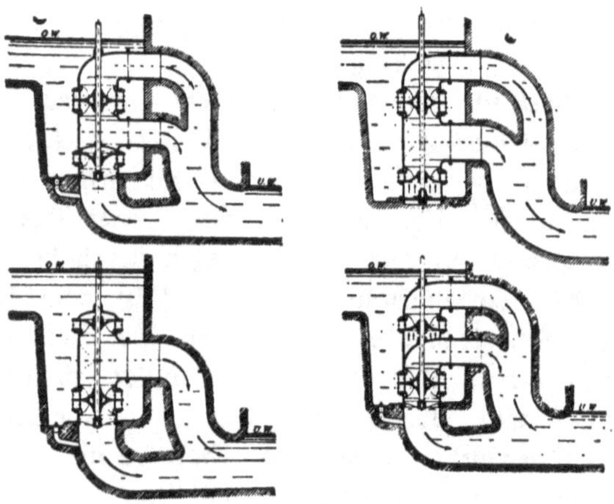

Fig. 5.

kränzige Turbinen gebaut. Es ergeben sich dafür jedoch sehr grosse Durchmesser, geringe Umdrehungszahlen und also schwere Transmissionen.

Neuerdings werden auch (Fig. 5) radiale Francisturbinen mit Normalwasser- und Hochwasserkranz gebaut. Es sitzen dabei zwei selbständige Turbinen auf einer gemeinsamen Welle, entweder mit getrenntem oder mit gemeinsamem Saugrohr.

„Das Hochwasserlaufrad muss dann aber bei normalem Gefälle sehr sorgfältig gegen Wasserzutritt von aussen geschützt werden, weil es sonst beträchtliche Arbeitsverluste ver-

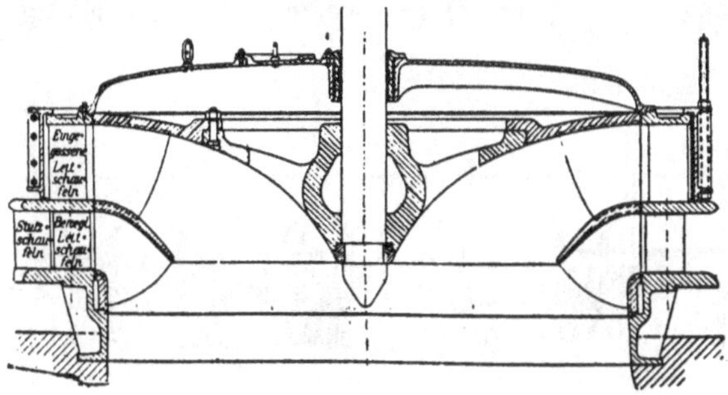

Fig. 6.

ursacht. Es hat dann die Tendenz, als Zentrifugalpumpe zu wirken und einen gewissen Arbeitsbetrag zu verzehren“ (Pfarr, Turbinen, S. 537).

Meistens werden aber (Fig. 6) sogen. Etagenturbinen gebaut, deren beide Laufräder als zwei Etagen eines Laufrades

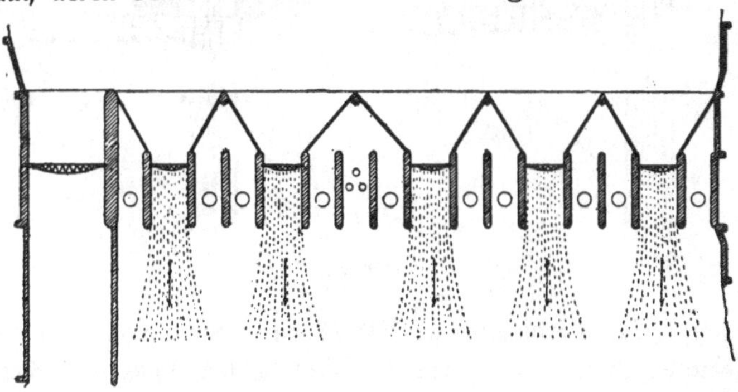

Fig. 7.

unmittelbar übereinandersitzen und also konzentrisch in das gemeinschaftliche Saugrohr ausgiessen. (Pfarr, S. 539. Maximilianswerk in München, Zeitschr. des Ver. Deutscher Ing. 1896.)

Ein Nachteil auch dieser Etagenturbinen ist wieder die kleine Umdrehungszahl und also die grosse Übersetzung, weil der Saugrohrdurchmesser und also der äussere Laufraddurchmesser für die grosse Hochwassermenge berechnet sein müssen (Pfarr, S. 540, Fig. 375).

Wenn in den vorbeschriebenen Anordnungen zwei Turbinen parallel nebeneinander arbeiten, so sind nun neuerdings Anordnungen ersonnen, bei denen die Hintereinanderschaltung zweier Maschinen erfolgt.

Der Betriebsleiter des Kraftwerkes von Chêvres bei Genf, M. Saugey, hat (Fig. 7) (Schweizerische Bauzeitung 1906,

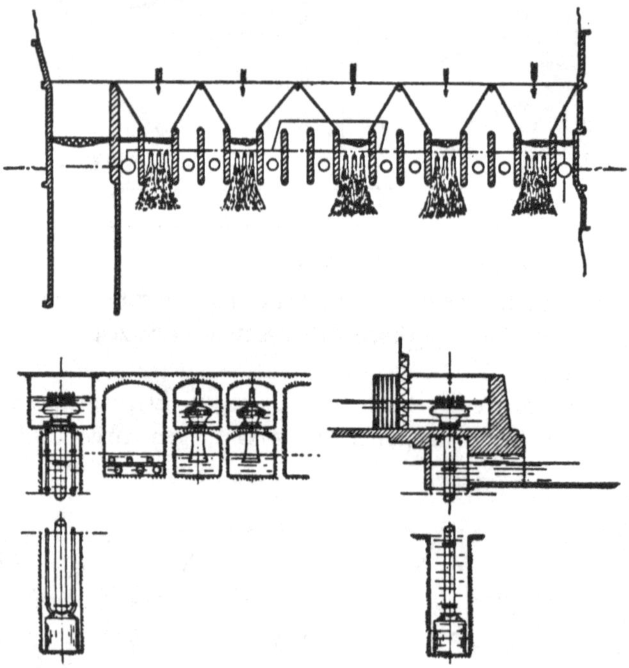

Fig. 8.

Zeitschr. für Turbinenwesen 1907) ein System von zwei sog. Ejektorenschützen angewendet. Die beiden, links und rechts von der Austrittsöffnung des Saugrohres einer Turbine angeordneten, mit dem Oberwasser in direkter Verbindung stehenden Schützen werden bei überschüssigem Hochwasser gezogen und bewirken alsdann dicht unterhalb des Turbinensaugrohrs ein Ansaugen und Absinken des Wasserspiegels, das eine Vermehrung des Turbinengefälles bedeutet. Die Wirkung ist offenkundig und der voraussichtlich geringe Nutzeffekt einer derartigen Saugpumpe bei überschüssigem Hochwasser ohne Belang.

Die Grundrissanordnung des Betriebsgebäudes, bei dem die Turbinensaugrohre und Ejektorenschützen abwechseln, erfordert jedoch eine erhebliche Längenentwickelung teurer Grundbauten quer durch den Wasserlauf.

Die Saugeyschen Ejektorenschützen sollen nach dem D. R. P. 194 600 vom 17. VIII. 1907 von P. Bernstein in Neustadt a. Hdt. (Fig. 8) dadurch in ihrer Wirkung noch vervollkommnet werden, dass in den Schützöffnungen Saugdüsen angeordnet werden, bei denen Pressluft, die in hydrau-

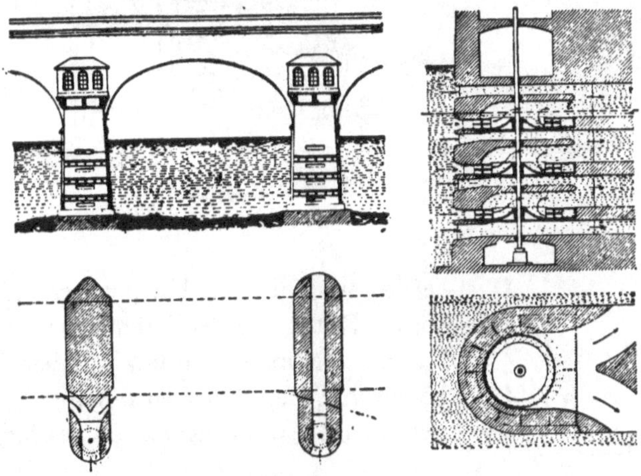

Fig. 9.

lischen Kompressoren bei Hochwasser erzeugt wird, als Treibmittel dient. Diese Anordnung erscheint nach der Patentbeschreibung ziemlich kompliziert.

Mehr technisch interessant als praktisch wertvoll erscheint ferner auch die von Arntz in Weidenthal, Rheinprovinz (D.R.P. 119583 vom 28. 4. 1900), ersonnene Turbinenanlage (Fig. 9), „dadurch gekennzeichnet, dass die Turbinen in turmähnliche, den Strompfeilern von Brücken vorgebaute Kammern derartig eingebaut sind, dass sowohl der an den Pfeilern entstehende Stau als auch die saugende Wirkung des zwischen den Pfeilern und durch Pfeilerkanäle hindurchfliessenden Wassers ausgenutzt wird“.

Der bekannte amerikanische Ingenieur Clemens Herschel, der Erfinder des Venturimeters, hat (Zentralbl. der Bauverwaltung 1908) einen Gefällevermehrer (Fall-increaser) (Fig. 10 und 10a) konstruiert, der aus einer nach Art der Venturiröhre hergestellten, unter dem Saugrohr der Turbine stark eingeschnürten Röhre besteht, die vom Oberwasser aus unter dem Fundament des ganzen Gebäudes durch-

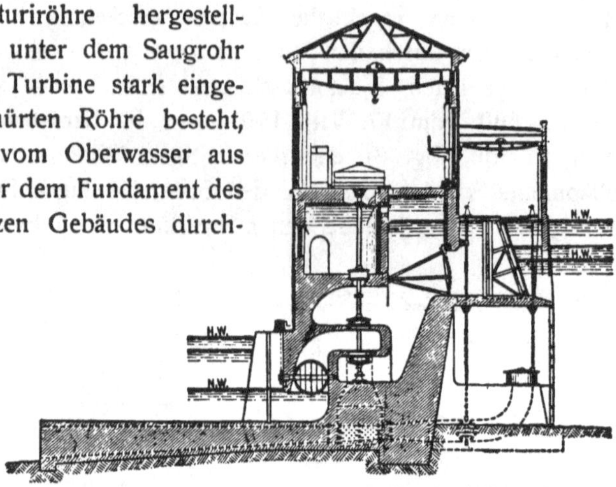

Fig. 10.

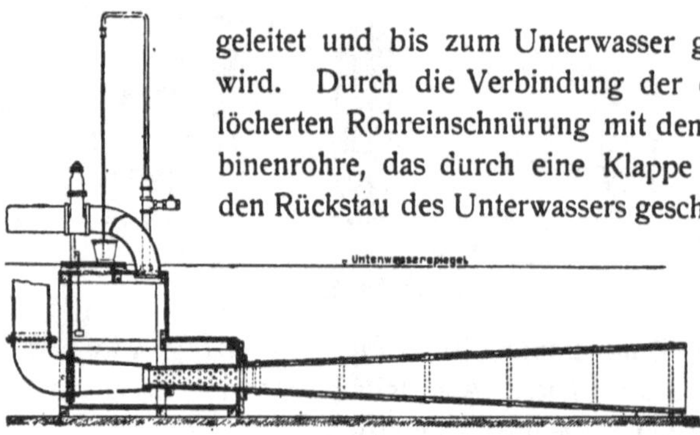

Fig. 10a.

geleitet und bis zum Unterwasser geführt wird. Durch die Verbindung der durchlöcherten Rohreinschnürung mit dem Turbinenrohre, das durch eine Klappe gegen den Rückstau des Unterwassers geschlossen werden kann, ist es möglich, mittelst Einführung des überschüssigen Hochwassers das Betriebswasser der Turbine aus dem Saugrohr abzusaugen.

Gleichzeitig mit Herschel, hat der Ingenieur Nivert eine Anordnung vorgeschlagen, die von Hilgard (Schweizer Wasserwirtschaft 1908, S. 103) in Fig. 11 dargestellt ist.

Die Herschel'sche Anordnung hat den Nachteil, dass sie bei schon vorhandenen Turbinenanlagen nachträglich wohl überhaupt nicht, jedenfalls nur mit sehr grossen Kosten angebracht werden kann, dass sie bei neuen Anlagen aber schwierige und teuere Gründungsarbeiten verlangt, dass ferner die Einschnürung sehr schwer zugänglich ist und dass eine Regulierung des Hochwasserzuflusses nur durch Abdrosselung des Rohres oberhalb der Einschnürung erfolgen kann. Hierdurch geht aber von dem Nutzgefälle des Hochwassers u. U. ein erheblicher Teil verloren. Eine Regulierung des Betriebs- und Förderwassers in der Einschnürung selbst ist nicht vorgesehen und nicht durchführbar. Dadurch, dass hier nicht eine der Summe der beiden Durchflussmengen entsprechende plötzliche Erweiterung des Rohres, wie bei einer rationell gebauten

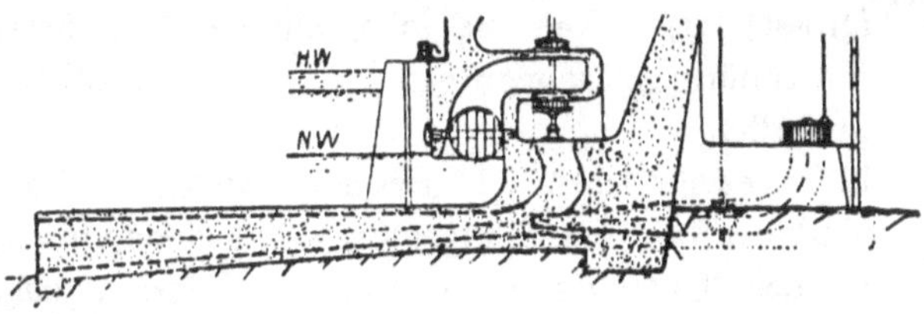

Fig. 11.

Strahlpumpe erfolgt, müssen ausserdem plötzliche Geschwindigkeitswechsel und also starke Stossverluste eintreten.

Herschel hat denn auch bei seinen Versuchen in Holyoke bei 13 Versuchen Wirkungsgrade von höchstens 27,5 pCt. festgestellt. „Dieser Wirkungsgrad kann freilich als unwirtschaftlich nicht bezeichnet werden, insofern als die Einrichtung ja nur dann in Tätigkeit gesetzt werden soll, wenn überschüssiges Hochwasser vorhanden ist."

Die sekundliche Abflussmenge der vorher erwähnten schweizerischen Flüsse beträgt nach Hilgard:

	N. W.	H. H. W.
Limmat beim Ausflusse aus dem Züricher See .	15—17 Kbm	250— 300 Kbm
Aare bei Beznau .	160—250 „	750—2100 „
Rhone bei Chèvres	120 „	700—1500 „
Rhein bei Rheinau .	90—110 „	650—1100 „
do. bei Lautenburg	260—460 „	2000—5000 „

Die oben hervorgehobenen Mängel haben den Unterzeichneten nun veranlasst, folgende Einrichtung (Fig. 12) vorzuschlagen und durch Patent schützen zu lassen.

1. Das Hochwasser wird um das Betriebsgebäude herum oder durch dasselbe hindurch bis zur Unterwasserseite geführt.

2. Es wird eine rationell konstruierte, d. h. mit erweiterter Düsenmündung und mit einem verstellbaren Dorn versehene Wasserstrahlpumpe anstatt der durchlöcherten Rohreinschnürung verwendet.
3. Diese Strahlpumpe wird in den Scheitel eines Heberrohres, das unter dem Oberwasser hochgezogen wird, eingebaut und zwar möglichst mit lotrechter Achse, um die Regulierung des grossen und schweren, gegen Seitenschwingungen zu sichernden Dorns sicher und leicht ausführen zu können. Die Gefälle verzehrende Drosselklappe, wie sie oberhalb der Herschel'schen Einschnürung angeordnet ist, ist also nicht erforderlich.
4. Bei gewöhnlichen Unterwasserständen wird das Turbinenrohr unter Umgehung des Hebers unmittelbar in das Unterwasser geführt, bei Rückstau dagegen durch eine sich dann selbsttätig schliessende Rückstauklappe geschlossen.

Die Konstruktion der ganzen Anlage kann in Eisen oder Beton erfolgen.

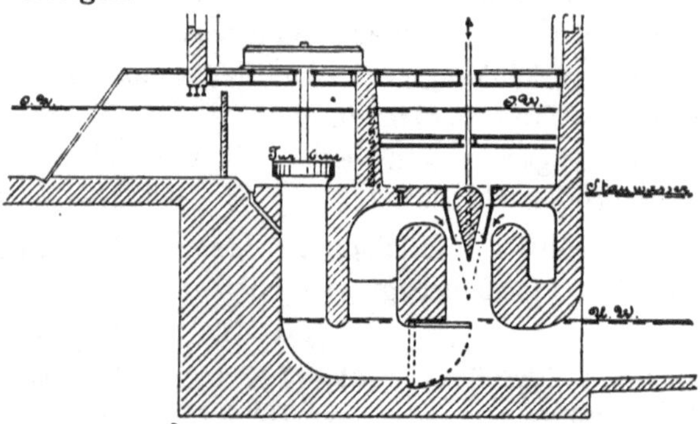

Fig. 12.

Die Düse wird zweckmässig aus Guss- oder Schmiedeeisen mit möglichst scharfer Schneide des unteren Randes hergestellt. Sie wird mit ihrem oberen Flansch auf einem Rahmen von I-Eisen und bei grossem Gewicht mittelst lotrechter Rippen auf dem Saugrohr gelagert. Diese Rippen geben gleichzeitig dem Förderwasser, das in kreisender Bewegung die Düse erreicht, eine konzentrisch axiale und dem Förderwasser parallele Austrittsgeschwindigkeit. Bei grossen Abmessungen kann die Düse aus mehreren, durch diese doppelflanschigen Rippen verbundenen Sektoren zusammengesetzt werden.

Der Dorn kann aus einem massiven Holz herausgearbeitet oder in Beton massiv oder hohl hergestellt werden. Damit er durch das ihn umströmende Triebwasser nicht in Schwingungen versetzt und gegen die Wandungen der Düsen gestossen wird, muss er mittelst einer starken Zahnstange lotrecht geführt und mit ihr am einfachsten unmittelbar fest verbunden werden. Da er bei vollem Schluss fest in die Mündung der Düse einsetzt, wird zweckmässig in dem berührenden Rand eine elastische Dichtung Gummi, Leder oder Holz auswechselbar angebracht.

Die Zahnstange wird an zwei Stellen ihrer Länge durch Rollen, die zwischen Querstreifen befestigt sind, geführt und durch eine Handkurbel mit selbstbremsendem Schneckenbetrieb gehoben und gesenkt.

Die Entlüftung des Hebers und das Ansaugen des Turbinenwassers wird durch die nach abwärts gerichtete grosse Düse allein nicht vollständig erfolgen können. Um hier nachzuhelfen, kann man sich verschiedener Mittel bedienen und zwar entweder eines kleinen Behälters mit zwei Hähnen, die beide unter dem Oberwasser liegen.

Durch abwechselndes Öffnen und Schliessen mit einer gemeinsamen Handhabe wird der Behälter abwechselnd mit Luft aus dem Heberscheitel und mit Oberwasser gefüllt und dadurch die Luft aus dem Heber entfernt. Oder aber es wird auf den Heberscheitel eine kleine Wasserstrahlluftpumpe aufgesetzt und vom Oberwasser aus gespeist.

Verwickeltere Apparate, wie die Bopp & Reuter'sche selbsttätige Entlüftungsvorrichtung für Heberleitungen, D. R. P. 158 644, oder die selbsttätige hydraulische Luftpumpe, Patent Scholl von Böckel & Co., Mannheim (Ges. Ing. 1908, S. 787), werden hier dagegen nicht erforderlich sein.

Schliesslich ist auch eine Einsteigöffnung an passender Stelle, am besten in der Decke zwischen Oberwasser und Heberscheitel anzubringen.

Die Vorteile dieser Einrichtung gegenüber den Saugey'schen Ejektorenschützen und dem Herschel'schen Gefällevermehrer dürften augenscheinlich sein.

Der Vorteil gegenüber den Etagen- und besonderen Hochwasserturbinen liegt, wie schon erwähnt, in der einfacheren Konstruktion, sowie in den geringeren Abmessungen und grösseren Umdrehungszahlen der Turbine.

Freistrahlturbinen und Wasserräder brauchen nicht ausgewechselt zu werden, wenn eine Wasserstrahlpumpe als Vorspann im Unterwasser aufgestellt wird.

Die Abmessungen aller Wasserkraftmaschinen werden bislang auf das m i t t l e r e Unterwasser basiert. Für geringe Gefälle, wie sie bei kanalisierten Flüssen vorliegen, ist zur Erzeugung bestimmter Leistungen die Verwendung grosser Wassermengen und also die Anordnung grosser Turbinen mit geringen Umdrehungszahlen und starken Übersetzungen für die modernen schnellaufenden Arbeitsmaschinen nötig.

Wenn ein Teil der Wassermenge, vielleicht sogar schon der Mittelwassermenge, dazu verwendet werden kann, um mittelst einer Strahlpumpe das mittlere Unterwasser dauernd zu senken und dadurch das Gefälle zu vermehren, so kann der verbleibende Rest der Mittelwassermenge in einer kleineren Turbine mit grösserem Gefälle zur Erzielung grösserer Umdrehungszahlen und zur Ersparung von Übersetzungen vielleicht verwendet werden. Vor allem kann dieser Gesichtspunkt für Kraftwerke an den Abflüssen grosser Seen mit überschüssiger Mittelwassermenge und sehr geringem Gefälle wohl in Frage kommen.

Wie schon bemerkt, können zwei selbständige, auf gemeinsamer Welle sitzende Turbinen u. U. einen gewissen Arbeitsbetrag verzehren.

Die Hochwasseretage der Etagenturbine (Maximilianswerk in München, Ztschr. d. V. D. I. 1896, S. 1007) wird ohne Rücksicht auf den Nutzeffekt „einfach dann mit eingeschaltet, wenn der Wärter sieht, dass trotz ganz geöffneter unterer Etage die Turbine nicht mehr genügend Kraft entwickelt". Die einfache Turbine, die bei Hochwasser mit voller Füllung belastet wird entwickelt dann einen geringeren Nutzeffekt als bei Mittelwasser mit ¾ Füllung. (Pfarr, S. 540.) Der Nutzeffekt des 4. Viertels der Wassermenge ist also verhältnismässig gering.

Trotzdem wird von interessierter Seite gegen die Verwendung der Wasserstrahlpumpe, die ja auch nur bei überschüssigem Wasser in Betrieb gesetzt werden soll, das Bedenken zu geringer Nutzleistung erhoben.

Es muss deshalb auf diesen Punkt besonders eingegangen werden.

Die in den Lehrbüchern der Mechanik (siehe den Anhang) abgeleitete theoretische Formel lautet:

$$Q_0 = Q_u \frac{h_u + \frac{w^2}{2g} + \frac{(w - v_1)^2}{2g}}{h_0 - \frac{w^2}{2g} - \frac{(v - w)^2}{2g}}$$

Dieser Formel liegen die Querschnitts- usw. Verhältnisse des Schemas Figur 10 des Anhanges zu Grunde. Es bezeichnet also:

Q_0 die sekundliche Menge des Triebwassers
Q_u „ „ „ Förderwassers
h_0 das theoretische Gefälle des Triebwassers
h_u die „ Hubhöhe des Förderwassers
v_1 die Geschwindigkeit des Förderwassers dicht vor der Düsenmündung
v „ „ „ Triebwassers „ „
w „ „ „ Trieb- und Förderwassers hinter der Düsenmündung.

Dabei ist vorausgesetzt, dass das gemeinsame Druckrohr über dem Stauspiegel ausgiesst. Ist dann die Düsenmündung sehr eng, also w sehr gross und ausserdem w gegen v und v_1 sehr abweichend, so wird schon theoretisch, d. h. namentlich ohne Rücksicht auf die Reibung des Wassers an den Rohrwänden, Q_0 sehr gross, der Nutzeffekt also sehr klein. Es ist also nicht verwunderlich, dass die Versuche Herschel's in Holyoke ebenso wie die älteren Iben'sche Versuche sehr geringe Nutzeffekte von 17—27,5 % aufweisen.

Wird aber entsprechend dem Schema Fig. 11 des Anhanges, dem die obigen Bezeichnungen zugrunde liegen,

1. das gemeinsame Druckrohr mit allmählicher Erweiterung unter dem Stauspiegel ebenso wie das Saugrohr (Betonkrümmer) einer Francisturbine zur Ausmündung gebracht,
2. das Verhältnis der Wasserstrahlquerschnitte dicht vor der Düsenmündung so gewählt, dass $v = w$ und $v_1 = w$ wird,

so lautet die theoretische Gleichung $Q_0 = \frac{Q_u h_u}{h_0}$ und der theoretische Nutzeffekt würde hiernach 100 %.

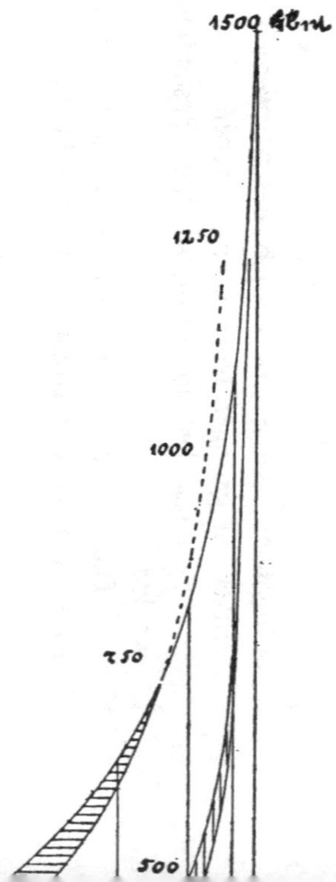

Fig. 15. Betriebsplan einer Wasserkraftanlage in der Unterweser für 10 Jahre. Grösstes Gefälle H = 5,65 m. Wasserstands- und Wassermengendauerlinie des Badener Pegels.

(siehe S. 21)

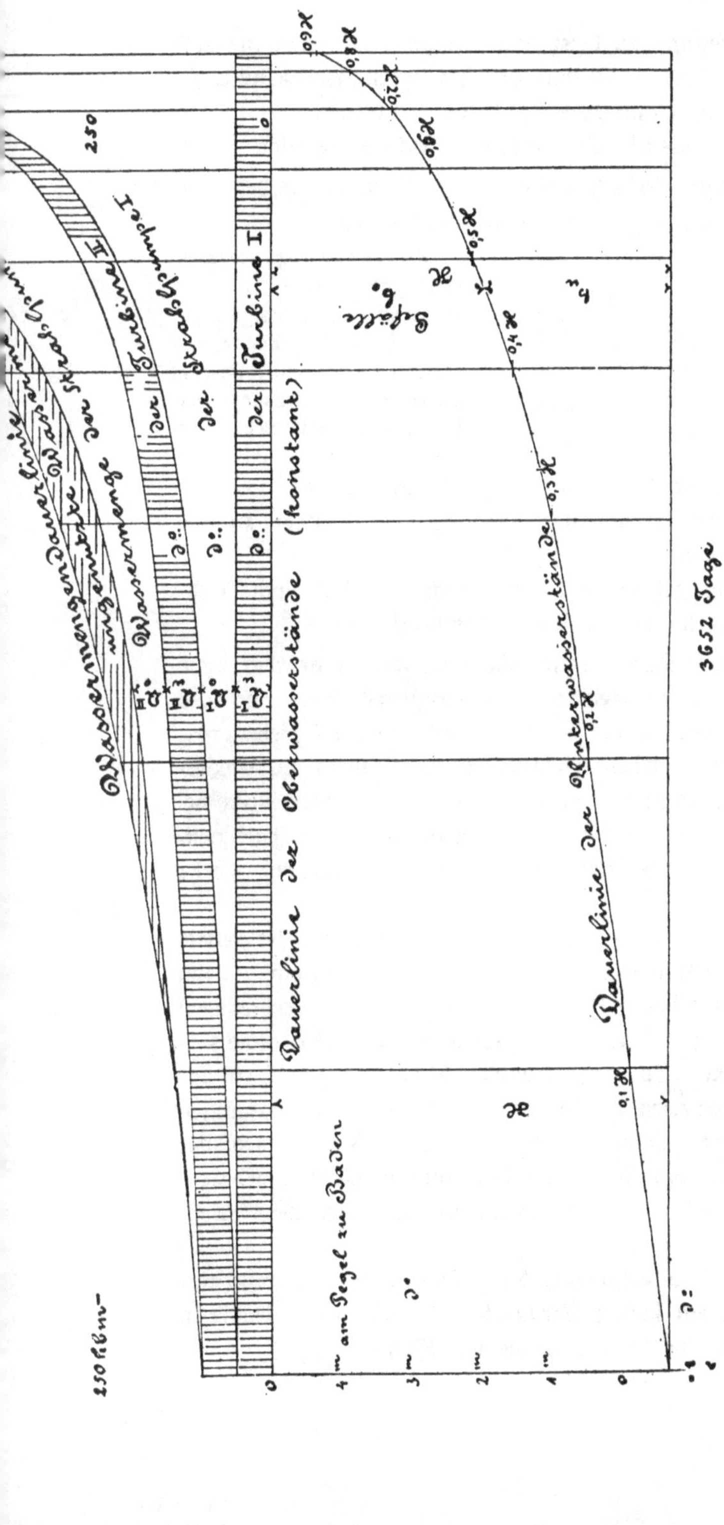

Wassermengendauerlinie
Wassermenge der Turbine II
Wassermenge der Strahlpumpe I
Turbine I
Dauerlinie der Oberwasserstände (konstant)
Dauerlinie der Unterwasserstände
Gefälle
am Pegel zu Baden
3652 Tage
250 cbm
250

Die Bedingung zu 1 ist ohne weiteres erfüllbar, die zu 2 dadurch, dass das Verhältnis des Triebwasserquerschnitts f_0: Förderwasserquerschnitt $f_u = h_u : h_0$ gemacht wird.

Bei wechselndem Stauwasserstande, also wechselndem $h_u : h^0$ wird das richtige Verhältnis von $f_0 = f_u \frac{h_u}{h_0}$ durch die bekannte Regulierung mittelst konischen Dorns hergestellt.

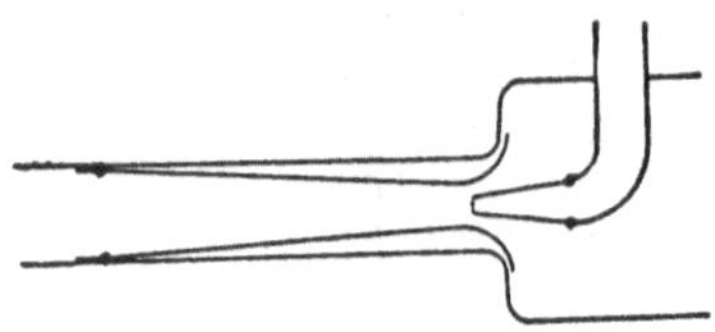

Fig. 13.

Eine eigenartige Regulierung der Düse ist von P. Mortier-Lyon vorgeschlagen. Figur 13. Die rechteckigen Querschnitte werden dabei durch Drehung der Leitflächen um Scharniere erweitert oder verengt.

Der wirkliche Nutzeffekt hängt alsdann ab

3. von der Grösse der Reibung des Wassers an den Rohrwandungen;
4. von der gehörigen Mischung des Förder- und Triebwassers hinter der Düsenmündung.

Zu 3: Der Reibungswiderstand an den Rohrwandungen wächst mit w^2. Demnach muss w möglichst klein und also der Rohrquerschnitt hinter der Düsenmündung möglichst gross gemacht werden. Nach angestellten, hier nicht zu wiederholenden Berechnungen wird jedoch dieser Querschnitt bei nicht zu grossen Stauhöhen nicht grösser als der des Turbinensaugrohres dicht unter der Turbine zu sein brauchen. (Siehe Anhang.)

Zu 4: Die Mischung des Trieb- und Förderwassers hinter der Düsenmündung muss möglichst innig sein, um zu verhindern, dass beide Wassermengen sich mit verschiedenen Geschwindigkeiten parallel neben einander bewegen, ohne sich zu beeinflussen. Zu dem Zwecke können Mischdüsen aus mehreren konzentrisch hintereinander angeordneten konischen Düsen (Fig. 14) gebildet werden, mittelst deren sich das Förderwasser in einzelnen, in ihren Durchmessern zunehmenden Zylinderringen um den zylindrischen Kern des Triebwassers legt.

Um den voraussichtlichen Nutzeffekt der Strahlpumpe einzuschätzen, ist ein kurzer Vergleich mit dem oberschlächtigen Wasserrad und der Francisturbine am Platze.

α) Im oberschlächtigem Wasserrad wirkt das Wasser bekanntlich zunächst lediglich durch seine lebendige Kraft, wovon es jedoch wegen des Wasserstosses nur die Hälfte, entsprechend einem Gefälle von gewöhnlich 0,24 m, an das Rad abgibt. Es wirkt sodann in den Zellen lediglich durch eins Gewicht, solange bis es aus diesen ausfliesst. Hierdurch geht aber der tiefste Teil des Gefälles für die Ausnutzung verloren. Der Nutzeffekt beträgt 75—80%.

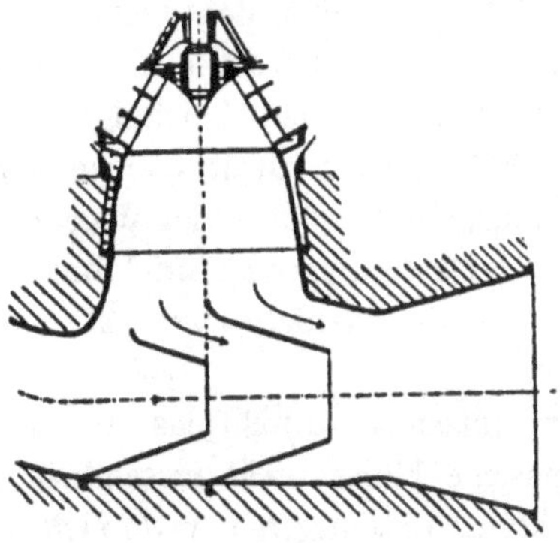

Fig. 14.

β) Im Laufrad der Francisturbine wirkt das Wasser gleichzeitig durch seine lebendige Kraft und sein Gewicht. Der beim Austritt des Wassers aus dem Laufrad verbleibende Rest von lebendiger Kraft geht aber nicht verloren, sondern wird im Saugrohrkrümmer noch ausgenutzt, um das für den Wasserabfluss im Untergraben erforderliche Gefälle zu gewinnen.

Obgleich die Turbine das Gefälle scheinbar erheblich besser als das oberschlächtige Rad ausnutzt, hat sie trotzdem keinen erheblich grösseren Nutzeffekt — etwa 80 % —, weil in Wirklichkeit etwa 20 % des Gefälles durch die Stösse und Reibungswiderstände der Leit- und Laufradschaufeln usw. verbraucht werden.

γ) Eine nach den vorher entwickelten Grundsätzen rationell konstruierte Wasserstrahlpumpe würde eine Kolbenpumpe (Kettenpumpe) von grösstem Nutzeffekt sein, wenn in dem Druckrohrkrümmer von der Düsenmündung bis zum Stauwasserspiegel das Trieb- und Förderwasser gemeinsam mit gleicher Geschwindigkeit durch eine Anzahl nur nach einer

Richtung sich bewegender Kolben geführt werden könnten, wie bei den Kettenpumpen.

Da dieses wegen der allmählichen Abnahme der Kolben-(wasser)geschwindigkeit nicht möglich ist, und da das Förderwasser von dem Triebwasser nur durch die Kohäsion (Mischung) des Wassers und durch den auf das Unterwasser drückenden äusseren Atmosphärendruck (letzteres ebenso wie im Saugrohr der Kolbenpumpe) fortbewegt wird, so verringert sich der Nutzeffekt gegenüber der Kolbenpumpe.

Es ist jedoch m. E. sehr wohl möglich, dass eine solche Wasserstrahlpumpe hinter der Leistung des oberschlächtigen Wasserrades nicht erheblich zurückbleiben wird. Denn auch für das gewöhnliche unterschlächtige Wasserrad ist der Nutzeffekt durch geeignete technische Einrichtungen, Kropf, schräge Spannschütze, Ponceletschaufeln von 30 bis zu 70 % gesteigert worden.

Dass der Nutzeffekt durch das Ansaugen des Förderwassers auf mässige Höhe nicht wesentlich beeinflusst wird, geht aus den hohen Leistungen der doppeltwirkenden Kolbenpumpen und der Heberkreiselpumpen hervor.

Indessen für derartige theoretische Behauptungen wird der Praktiker den Beweis durch Versuche verlangen. Ich würde es deshalb für einen Erfolg meiner Darlegungen halten, wenn derartige Versuche in umfassendem Masse und mit grossen Mitteln angestellt würden und ich berufe mich dabei auf die Erklärung des Prof. Hilgard in dem schon angeführten Aufsatz: „Dass es zeitgemäss sei, den von so vielen Seiten günstig beurteilten Bestrebungen von Saugey, Herschel, Nivert u. A. erhöhte Beachtung zu schenken durch Anstellung weiterer Versuche und Studien, die vielleicht zur Verbreitung von praktisch mit Vorteil verwendbaren Konstruktionen führen dürften.“

Ich bin aber nicht der Ansicht, dass es vor dem Abschluss derartiger Versuche untunlich sei, die Wasserstrahlpumpe als Vorspann der Turbine zu benutzen und stelle zum Beweise dessen die folgende Untersuchung an, der ich die 10jährigen Wasserstands- und Wassermengenmessungen am Weserpegel zu Baden, zwischen Verden und Bremen gelegen, zugrunde lege. (Keller, Weserwerk Bd. I, S. 309.) Die daselbst an 3652 Tagen (10 Jahre + 2 Schalttage) beobachteten

Wasserstände der Weser sind (Fig. 15) nach ihrer Höhe geordnet, als sog. Wasserstandsdauerlinie aufgetragen, ebenso auch die zu den Wasserständen gehörigen Wassermengen als sog. Wassermengendauerlinie.

Es ist nun angenommen, dass hier*) in der Weser ein Stauwerk errichtet werde, wodurch der Oberwasserstand konstant auf + 5 m am Pegel = 5,65 m über dem niedrigsten Wasserstand gehalten werde. Dies grösste Gefälle von 5,65 m = *H* soll für die einzubauenden Turbinen durch eine Strahlpumpe bei allen Unter-

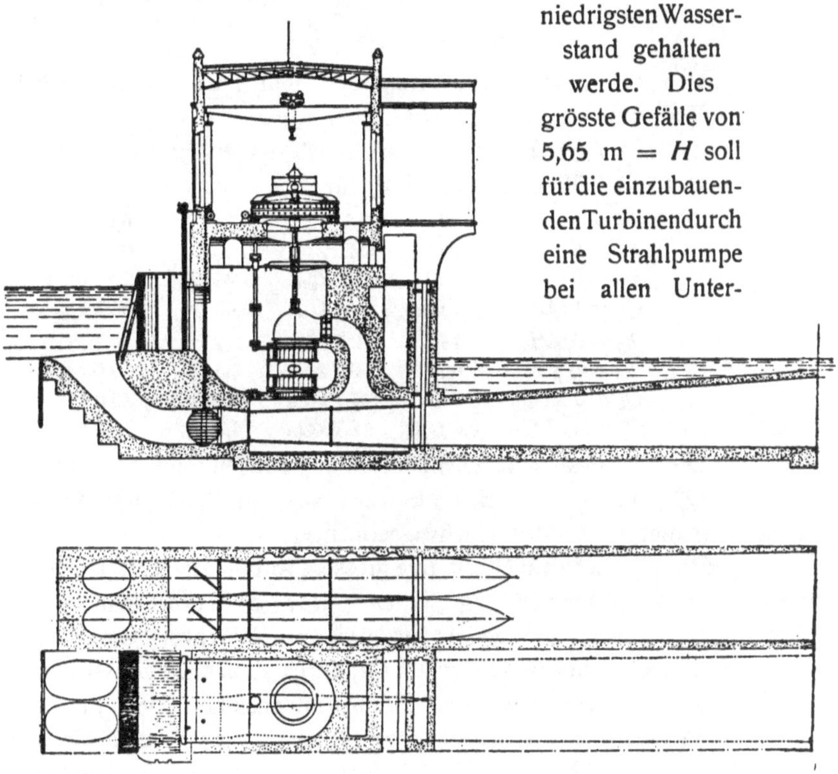

Fig. 16.

wasserständen konstant erhalten werden. Wird die Niedrigwassermenge von rund 100 kbm als durch die Turbinen voll ausnutzbar angenommen, so wird sie in Wirklichkeit, um nicht zu grosse Abmessungen der Turbinen usw. zu erhalten, auf eine grössere Anzahl Turbinen verteilt werden.

*) Anm.: Für die im Bau befindliche Wehranlage oberhalb Bremen hat Herschel den Entwurf (Fig. 16) aufgestellt.

Die nachfolgende Berechnung ändert sich indessen nicht, wenn zur Vereinfachung der Darstellung eine einzige, oder wie hier geschehen, zwei Turbinen angenommen werden, die jede 50 cbm $\left(=Q_u^{I}=Q_u^{II}\right)$ verarbeiten.

Um das Turbinenwasser Q_u auf die Höhe h_u zu heben, muss die Wassermenge Q_0 einer Wasserstrahlpumpe mit dem Nutzeffekt η mit dem Gefälle h_0 wirken und ist dann

$$Q_0 = \frac{Q_u h_u}{\eta \cdot h_0}$$

also die ganze, für Strahlpumpe und Turbine erforderliche Wassermenge $Q_s = Q_0 + Q_u$.

Da $h_u + h_0 = H =$ konstant ist, so ergibt sich, wenn η nur mit 0,30 eingesetzt wird, für

$h_0 = 1{,}0\,H$	$0{,}9\,H$	$0{,}8\,H$	$0{,}7\,H$	$0{,}6\,H$
$h_u = 0$	$0{,}1\,H$	$0{,}2\,H$	$0{,}3\,H$	$0{,}4\,H$
$Q_0 = 0$	$0{,}37\,Q_u$	$0{,}84\,Q_u$	$1{,}43\,Q_u$	$2{,}22\,Q_u$
$Q_s = 1\,Q_u$	$1{,}37\,Q_u$	$1{,}84\,Q_u$	$2{,}43\,Q_u$	$3{,}22\,Q_u$
$h_0 = 0{,}5\,H$	$0{,}4\,H$	$0{,}3\,H$	$0{,}2\,H$	$0{,}1\,H$
$h_u = 0{,}5\,H$	$0{,}6\,H$	$0{,}7\,H$	$0{,}8\,H$	$0{,}9\,H$
$Q_0 = 3{,}33\,Q_u$	$5{,}0\,Q_u$	$7{,}75\,Q_u$	$13{,}3\,Q_u$	$30{,}0\,Q_u$
$Q_s = 4{,}33\,Q_u$	$6{,}0\,Q_u$	$8{,}75\,Q_u$	$14{,}3\,Q_u$	$31{,}0\,Q_u$

Diese Zahlen sind zeichnerisch aufgetragen und zwar Q_u^{I} Q_0^{I} Q_u^{II} und Q_0^{II} und es ergibt sich aus der Zeichnung der ungenutzte Teil der Hochwassermenge.

Da in Wirklichkeit eine grössere Anzahl kleinerer Turbineneinheiten Verwendung finden würde, so würde man gerade bei Mittelwasser, wofür vielleicht das Bedenken des Wassermangels erhoben werden könnte, durch allmähliche Ausschaltung je einer Turbinen- und Strahlpumpeneinheit sich der vorhandenen Wassermenge sehr genau anpassen und sie voll ausnutzen können. Man hat dann während der ganzen Betriebszeit den Vorteil, dass jede einzelne Turbine bei konstantem Gefälle eine konstante Wassermenge voll verbraucht und also ausser einer konstanten Umdrehungszahl auch eine konstante Arbeitsleistung hat.

Die äusserste Grenze des Gefälles, bis zu der die Strahlpumpe wirksam sein soll, ist massgebend für ihre Abmessungen. Hierauf rechnerisch weiter einzugehen, ist zur Zeit nicht angezeigt, man wird aber annehmen können, dass die Pumpe bis zu $h_u = 0{,}5\,H$ bis $0{,}6\,H$ jedenfalls in Betrieb bleiben kann.

Im letzteren Falle hätte man nur während etwa $^1/_{12}$ der ganzen Betriebszeit die Dampfreserve heranzuziehen brauchen. Wird aber, was anzunehmen ist, bei $h_u \geqq 0{,}6\,H \geqq 3{,}40$ m der Oberwasserstand um 0,50 m erhöht (Winterstauziel), so ermässigt sich die Betriebszeit der Dampfreserve schon auf $^1/_{18}$ der ganzen Betriebszeit.

Weitere Ausführungen hierzu erscheinen zur Zeit umsomehr gegenstandslos, als man ja ohnehin jedenfalls zunächst nur für eine Turbine eine Versuchsanlage bauen und die dabei gewonnenen Erfahrungen für weitere Entschliessungen massgebend machen würde.

Ich schliesse deshalb mit dem Wunsche, dass für irgend eine neue oder schon vorhandene Wasserrad- oder Turbinenanlage eine Wasserstrahlpumpe zunächst zu Versuchszwecken, also in Eisenkonstruktion, baldigst eingebaut werden möge, und ich bin überzeugt, dass sie ihren Wert für sehr viele Fälle der Praxis erweisen wird. Jedenfalls werden die mit grossen Wassermengen aber geringen und stark wechselnden Gefällen ausgerüsteten Wasserkräfte unseres Vaterlandes mit den Hochdruckanlagen Norwegens und der Schweiz namentlich in der sich jetzt rapide entwickelnden Stickstoff-Industrie nur konkurrieren können, wenn die Frage der Unschädlichmachung des Rückstaues auf eine oder andere Weise gelöst wird.

ANHANG.

Über die Wirkungsweise der Wasserstrahlpumpen.

Zur Erkenntnis der Wirkungsweise des Wassers in der Strahlpumpe dienen folgende theoretische Auseinandersetzungen.

Fall 1. Fig. 1. In zwei Gefässsen *A* und *B*, die durch eine reibungslose, sich allmählich verengende und allmählich erweiternde, im übrigen beliebig gekrümmte oder gestreckte Rohrleitung verbunden sind, liegen die Wasserspiegel *O. W.* und *U. W.* bei jeder beliebigen grössten Durchflussgeschwindigkeit *w* in

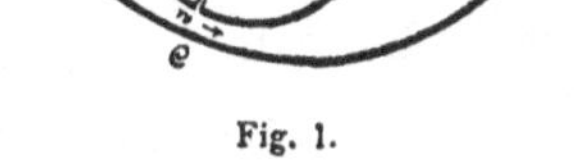

Fig. 1.

der Rohrleitung *C* theoretisch, d. h. ohne Berücksichtigung der Reibungswiderstände gleich hoch. Das Gefälle $\frac{w^2}{2g}$, das zur Erzeugung der Geschwindigkeit w verbraucht werden muss, wird bei deren allmählicher Verringerung vollständig wieder gewonnen. Die erzeugte lebendige Kraft

$$Q \frac{w^2}{2g} (\gamma = 1)$$

wird voll ausgenutzt, um Q wieder auf die ursprüngliche Höhe zu heben.

Fall 2. Fig. 2 und 3. Weist die übrigens gleiche Rohr-

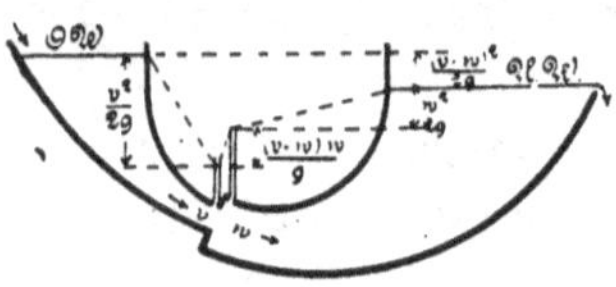

Fig. 2.

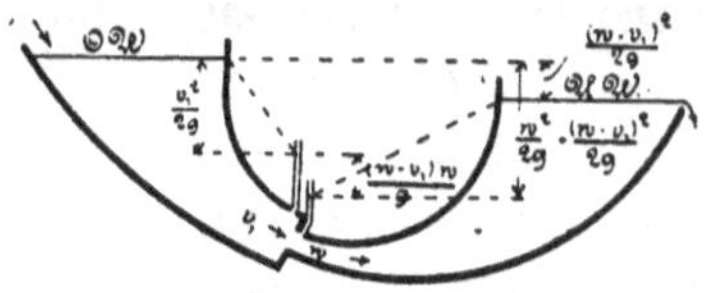

Fig. 3.

leitung an einer einzelnen Stelle eine plötzliche Verengung oder Erweiterung auf, so liegt *O.W.* über *U.W.* nach Fig. 2 um

$$h = \frac{v^2}{2g} - \frac{(v-w)w}{g} - \frac{w^2}{2g} = \frac{(v-w)^2}{2g}$$

nach Fig. 3 um

$$h_1 = \frac{v_1^2}{2g} + \frac{(w-v_1)w}{g} - \frac{w^2}{2g} = \frac{(w-v_1)^2}{2g}$$

Der Gefällverlust, der durch die plötzliche Änderung — Vergrösserung oder Verkleinerung — der Geschwindigkeit entsteht, bleibt verloren. Die Arbeit $Q \cdot h$ bezw. $Q \cdot h_1$ wird zur Überwindung des Stosswiderstandes verwendet.

Fall 3. · Fig. 4 und 5. Wird *U.W.* so tief gesenkt, dass

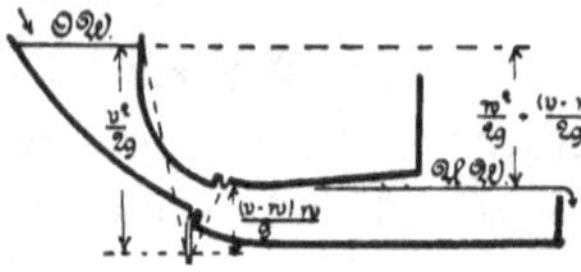

Fig. 4.

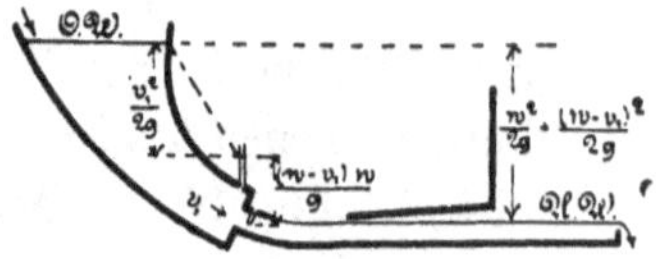

Fig. 5.

w sich nicht wieder allmählich auf 0 verringert, sondern bis zum Ausfluss aus der Rohrmündung konstant bleibt, so wird der Gefällverlust

$$h_2 = \frac{v^2}{2g} - \frac{(v-w)w}{g} = \frac{w^2}{2g} + \frac{(v-w)^2}{2g}$$

$$h_3 = \frac{v_1^2}{2g} + \frac{(w-v_1)w}{g} = \frac{w^2}{2g} + \frac{(w-v_1)^2}{2g}$$

Die Arbeit $Q \cdot h_2$ bezw. $Q \cdot h_3$ wird für Überwindung des Stosswiderstandes verwendet.

Fall 4. Fig. 6. Liegt *O.W.* um h_0 über dem Unterwasser *U.W.* und soll die Geschwindigkeit w der abwärtsfliessenden Wassermenge Q_0 nicht grösser werden als unter den sonst gleichen Verhältnissen der Fig. 1, so geht wieder zur Erzeugung von w eine Gefällhöhe $\frac{w^2}{2g}$ vom Oberwasser verloren, wird aber im Unterwasser wieder gewonnen.

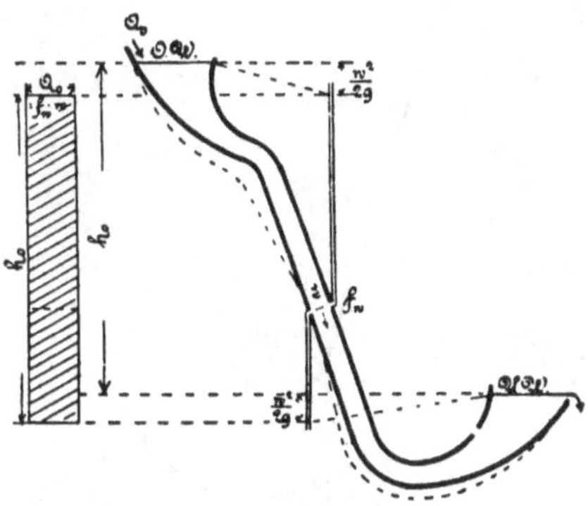

Fig. 6.

Es bleibt also das Gefälle h_0 zur Leistung einer sekundlichen Arbeit $= Q_0 h_0$ zur Verfügung. Dabei können die Änderungen der Gestalt und der Querschnitte der Rohrleitung beliebig sein, wenn sie nur nicht plötzlich erfolgen.

Fall 5. Fig. 7. Findet aber eine plötzliche Querschnittsänderung statt und ist ausserdem die Rohrleitung wie in Fig. 4 in das Unterwasser so eingeführt, dass w bis zum Ausfluss aus der Rohrmündung konstant bleibt, so geht von der Gefällshöhe h_0 die Höhe

$$\frac{w^2}{2g} + \frac{(v - w)^2}{2g}$$

endgültig verloren. Es kann also mit der verbleibenden Gefällshöhe nur mehr die sekundliche Arbeit

$$Q_0 \left(h_0 - \frac{w^2}{2g} - \frac{(v - w)^2}{2g}\right)$$

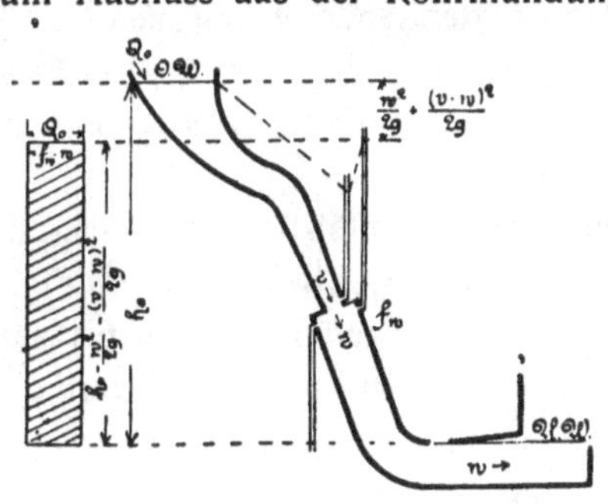

Fig. 7.

geleistet werden. Dabei sind wieder die Gestalt- und Querschnittsänderungen der Rohrleitung im übrigen beliebig.

Fall 6. Fig. 8. Liegt *U.W.* um h_u unter dem Stauwasser und soll die Geschwindigkeit w der zu hebenden Wassermenge Q_u so gross werden wie unter den sonst gleichen Verhältnissen der Fig. 1 und 6, so geht wieder zur Erzeugung von w die Gefällshöhe $\frac{w^2}{2g}$ vom Unterwasser verloren, wird aber im Stauwasser wieder gewonnen. Es bleibt also wieder die

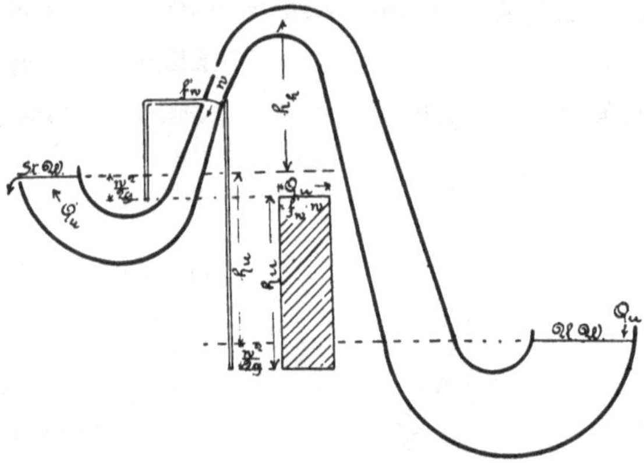

Fig. 8.

Höhe h_u zu überwinden durch eine sekundliche Arbeit $Q_u \cdot h_u$. Dabei sind die Gestalt- und Querschnittsänderungen der Rohrleitung, wenn sie nur nicht plötzlich erfolgen, wieder beliebig und zwar auch in den beiden Schenkeln des oberen Hebers, weil die in dem einen Schenkel zu leistende Arbeit $Q_u \cdot h_h$ durch die Arbeit des Wassers in dem anderen Schenkel $Q_u \cdot h_h$ aufgehoben wird. Bedingung ist nur, dass der Heberscheitel theoretisch nicht höher als 10,33 m, praktisch nicht höher als 6—7 m über *U.W.* liegt.

Fall 7. Fig. 9. Findet aber eine plötzliche Querschnittsänderung statt und ist ausserdem die Rohrleitung wie in Fig. 4 und 7 in das Stauwasser *St.W.* so eingeführt, dass w bis zum Ausfluss aus der Rohrmündung konstant bleibt, so vermehrt sich die zu überwindende Hubhöhe um

$$\frac{w^2}{2g} + \frac{(w - v_1)^2}{2g}$$

Es muss also die sekundliche Arbeit

$$Q_u\left(h_u + \frac{w^2}{2g} + \frac{(w - v_1)^2}{2g}\right)$$

geleistet werden. Dabei sind wieder die Gestalt- und Querschnittsänderungen der Rohrleitung einschl. der Heberleitung im übrigen beliebig.

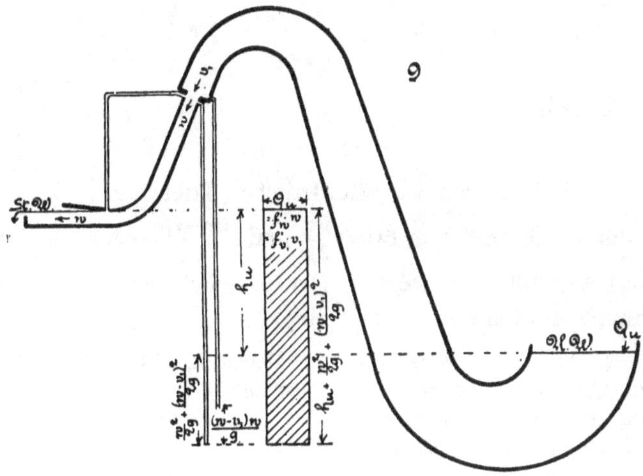

Fig. 9.

Fall 8. Fig. 10. Werden die beiden Fig. 7 und 9 zu Fig. 10 zusammengestellt, so gibt diese das Schema der ge-

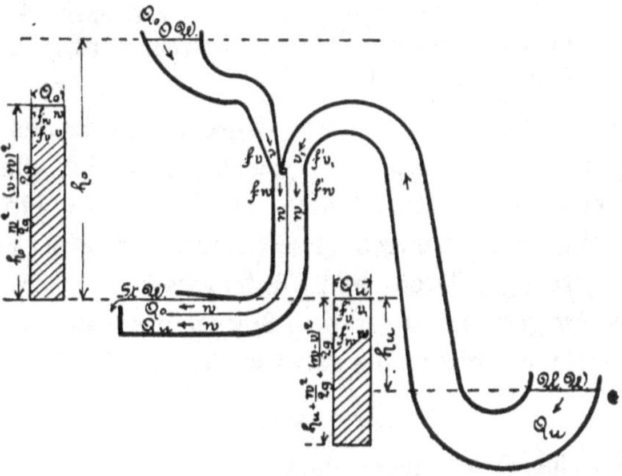

Fig. 10.

bräuchlichen Wasserstrahlpumpe, bei der plötzliche Geschwindigkeitsänderungen des Wassers beim Austritt aus der Düse und ein freier Ausguss des vereinigten Trieb- und Förderwassers über dem Stauwasser charakteristisch sind. Die von dem Oberwasser beim Heruntersinken zum Stauwasser geleistete Arbeit muss ebenso gross sein wie die zum Heben des Unterwassers in das Stauwasser verbrauchte Arbeit, also

$$Q_0 \left(h_0 - \frac{w^2}{2g} - \frac{(v-w)^2}{2g}\right) = Q_u \left(h_u + \frac{w^2}{2g} + \frac{(w-v_1)^2}{2g}\right)$$

$$Q_0 = Q_u \frac{h_u + \frac{w^2}{2g} + \frac{(w-v_1)^2}{2g}}{h_0 - \frac{w^2}{2g} - \frac{(v-w)^2}{2g}}$$

Das zum Heben von Q_u erforderliche Triebwasser Q_0 wird also durch die beiden Grössen $\frac{w^2}{2g}$ und $\frac{(w-v_1)^2}{2g}$ bezw. w und $(w-v_1)$ wesentlich vergrössert. Der Nutzeffekt einer derartigen Strahlpumpe ist deshalb nur gering.

Man vergleiche Wernicke-Vater, Mechanik, Teil **2**, **3**. Auflage, S. 232. Q_0 = wie oben. Nach S. 273 ist der Nutzeffekt einer derartig falsch gebauten Pumpe, bei der $h_u = 5$ m, $w = 8{,}75$, $v_1 = 4{,}45$ m, $v = 21{,}4$ m genommen ist, $= 0{,}174$.

Nach Iben, Journal für Gas- und Wasserfach **1880**. S. **682** und **1885**, S. **252** und **866** steigt der Nutzeffekt bis **0,23**.

Man sehe ferner: Zeitschr. des Vereins Deutscher Ing. **1866**. S. **122**. **1889**. S. **327**. **1894**. S. **553**.

Weitere Literatur: Hartmann & Knoke Pumpen, S. **590**. — Handbuch d. Ing.-Wissenschaften IV, **1**. Baumaschinen, S. **102**. — Hamburg und seine Bauten, S. **422**. — Katalog Körting, S. **47**. — Haeder's Zeitschr. **1902**, S. **138**.

Fall 9. Fig. 11. Werden dagegen die beiden Fig. 6 und 8 zu Fig. 11 zusammengestellt, so ergibt diese das Schema einer Wasserstrahlpumpe, bei der keine plötzlichen Geschwindigkeitsänderungen des Wassers eintreten und bei der das vereinigte Trieb- und Förderwasser im konisch erweiterten Ausgussrohr unter dem Spiegel des Stauwassers austritt. Hierfür ergibt sich die Arbeitsgleichung $Q_0 \cdot h_0 = Q_u \cdot h_u$

$$Q_0 = Q_u \frac{h_u}{h_0}$$

Der Nutzeffekt dieser Strahlpumpe würde also theoretisch = 100 pCt. sein.

Man kann die Wirkung der Strahlpumpe statisch betrachten, indem man in Fig. 11 f_0 und f_u durch eine gemeinsame Platte geschlossen und also das Wasser in Ruhe denkt. Dann wirkt auf diese Platte lotrecht nach unten das Gewicht der Triebwassersäule $\gamma \cdot f_0 \cdot h_0$ und gleichzeitig lotrecht nach oben das Gewicht der Förderwassersäule $\gamma \cdot f_u \cdot h_u$. Diese beiden Gewichte müssen einander gleich sein.

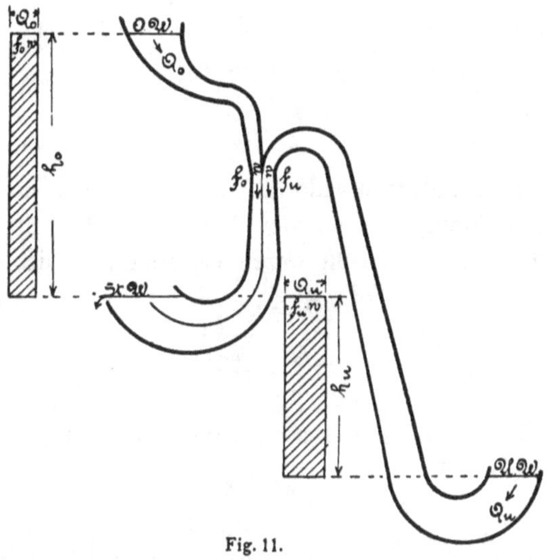

Fig. 11.

Bewegt sich die Platte mit der Geschwindigkeit w, so müssen die von beiden Gewichten geleisteten Arbeiten einander gleich sein, also $\gamma f_0 h_0 w = \gamma f_u h_u w$ oder $Q_0 h_0 = Q_u h_u$, also $Q_0 = \frac{h_u}{h_0} Q_u$.

Auch die Kreiselpumpe hat einen geringen Nutzeffekt, wenn sie über dem Oberwasser, einen erheblich grösseren dagegen, wenn sie mittelst Heberrohres unter dem Oberwasser ausgiesst.

Hiernach ist es zweifellos, dass eine Wasserstrahlpumpe nach der Grundform der Fig. 11 gebaut werden muss, um wirtschaftlich richtig zu arbeiten.

Es sind deshalb einige weitere Ausführungen angezeigt über 1. das Ausgussrohr, 2. die Düse, 3. die Reibungswiderstände.

Zu 1. Das Ausgussrohr muss allmählich erweitert werden in derselben Weise, wie dies bei dem Saugrohr der Francisturbine zur Erhöhung ihres Nutzeffekts neuerdings allgemein geschieht. Es wird daher zweckmässig ebenso wie dieses und nach denselben Grundsätzen als Krümmer ausgeführt.

Zu 2. Die Düse kann durch einen inneren Querschnitt f_0 für das Betriebswasser Q_0 und einen äusseren Querschnitt f_u für das Förderwasser Q_u gebildet werden. Die Querschnitte f_0 und f_u müssen sich verhalten wie

$$Q_0 : Q_u = h_u : h_0$$

$$\frac{f_0}{f_u} = \frac{h_u}{h_0}$$

Berücksichtigt man jedoch, dass wegen der noch zu erörternden Reibung u. s. w. der Nutzeffekt der Strahlpumpe nicht $= 1$ sondern $= \eta$ zu setzen ist, so ergibt sich

$$\eta Q_0 = Q_u \frac{h_u}{h_0}$$

also

$$\frac{f_0}{f_u} = \frac{h_u}{\eta h_0}$$

Zu 3. Die Reibungswiderstände wachsen nach der Formel

$$\zeta \frac{p \cdot l}{F} \frac{v^2}{2g}$$

also mit dem Quadrat der Durchflussgeschwindigkeiten. Diese müssen also möglichst klein, die Durchflussquerschnitte möglichst gross genommen werden.

Für die Zu- und Abflusskanäle hat dies keine Schwierigkeit Für den äusseren Querschnitt der Düse wird man bei grossen Q_0 die Geschwindigkeit w auf die Grösse der absoluten Einströmungsgeschwindigkeit in das Laufrad einer Turbine von dem Gefälle H unbedenklich beschränken können, die sich für normale Francisturbinen berechnet aus der Formel

$$u_1 w_1 \cos \delta_1 = \eta_1 g \cdot H$$

$$u_1 = w_1 \cos \delta_1$$

$$u_1 = \sqrt{\eta_1 g \cdot H}$$

$$w_1 = \sqrt{\frac{\eta_1 g . H}{\cos \delta_1}}$$

$$\left.\begin{aligned} \cos \delta_1 &= 0{,}94 \\ \eta_1 &= 0{,}80 \end{aligned}\right\} \text{ im Mittel}$$

$$w_1 = 3{,}0 \sqrt{H}$$

Die absolute Einströmungsgeschwindigkeit für axiale Freistrahlturbinen ergibt sich zu

$$\frac{w_1^2}{2g} = \eta_1 H$$

$$w_1 = 4{,}1 \sqrt{H}$$

Bei konstantem *O.W.*, *St.W.* und *U.W.* kann man nach obigem die geringst zulässigen Abmessungen der Düse berechnen. Sobald sich aber das Stauwasser *St.W.* also h_0 und h_u ändern, müssten sich auch f_0 und f_u ändern.

Da diese fortwährende Änderung b e i d e r Abmessungen praktisch unmöglich ist, so muss man, um Stossverluste bei allen Stauwasserständen zu vermeiden, entweder f_0 oder f_u veränderlich machen. Ersteres geschieht durch einen Dorn (letzteres würde durch eine lotrechte Verschiebung der Düse geschehen können).

Denkt man den äusseren Ringquerschnitt f_u geschlossen, so dass Q_u nicht hindurchströmen kann, so wird das Triebwasser Q_0 mit einer dem ganzen Gefälle h_0 entsprechenden sehr grossen Geschwindigkeit durch die Düse strömen. Öffnet man aber dann f_u, so wird zunächst die Luft und dann das Unterwasser angesaugt und die Wassersäule von der Höhe h_u hängt hinten am Triebwasser, sodass dessen Geschwindigkeit verringert wird, und zwar müssen die beiden Geschwindigkeiten des Förder- und des Triebwassers einander gleich sein.

Wenn Q_u bei allen Stauwasserständen konstant ist, so ist also auch die Wassergeschwindigkeit im äusseren Ring f_u konstant und es muss also auch die Geschwindigkeit w des Triebwassers Q_0 in der Düse f_0 für die verschiedensten h_0 konstant sein.

Durch die Einführung eines oben und unten sich allmählich verjüngenden und zuspitzenden Dorns wird der Querschnitt f_0 verkleinert, ohne dass plötzliche Geschwindigkeitsänderungen entstehen. Man bestimmt dann den Querschnitt f_0 für die höchste in Rechnung zu ziehende Stauhöhe *St.W.*, also für die grösste erforderliche Betriebswassermenge Q_0.

Sinkt dann das Stauwasser, wird also Q_0 geringer, so bleibt doch w mit f_u und Q_u $\left(w = \frac{Q_u}{f_u}\right)$ unveränderlich. f_0 muss demnach verkleinert werden durch Senkung des Dorns in die Düsenmündung. Sinkt *St.W.* bis zum *U.W.* herunter, so wird f_0 durch den Dorn ganz geschlossen.

ROSENTHAL & Co., BERLIN S O., RUNGESTR. 20.

FSC
www.fsc.org
MIX
Papier | Fördert
gute Waldnutzung
FSC® C083411

Zeitfracht Medien GmbH
Ferdinand-Jühlke-Straße 7
99095 Erfurt, Deutschland
produktsicherheit@kolibri360.de